家风兴在
旺在教养

陆雪葵⊙主编

黄河出版传媒集团
阳光出版社

图书在版编目（CIP）数据

兴在家风 旺在教养／陆雪葵主编. -- 银川：阳
光出版社, 2024. 7. -- ISBN 978-7-5525-7336-7

Ⅰ. B823.1; G78

中国国家版本馆CIP数据核字第 2024WD6449 号

兴在家风 旺在教养　　　　　　　　　　　　陆雪葵　主编

责任编辑　谭　丽
封面设计　君阅书装
责任印制　岳建宁

黄河出版传媒集团
阳 光 出 版 社　出版发行

出 版 人　薛文斌
地　　址　宁夏银川市北京东路139号出版大厦（750001）
网　　址　http://www.ygchbs.com
网上书店　http://shop129132959.taobao.com
电子信箱　yangguangchubanshe@163.com
邮购电话　0951-5047283
经　　销　全国新华书店
印刷装订　三河市嵩川印刷有限公司
印刷委托书号　（宁）0029788

开　　本　889mm×1194 mm　1/16
印　　张　8
字　　数　90千字
版　　次　2024年7月第1版
印　　次　2024年7月第1次印刷
书　　号　ISBN 978-7-5525-7336-7
定　　价　48.00元

前言
PREFACE

　　每个人的生命中，家庭都被赋予了无尽的情感和特殊的意义，它不仅是一个简单的居所，更是家族和传承的象征。一个家族的延续不仅仅依赖于血脉基因的传承，更重要的是思想教育的传承。正因如此，良好的家风和教养才广受推行。

　　从古至今，家教扮演着举足轻重的角色。无论是阳明家训的谆谆教诲，还是普通百姓家的言传身教，都体现了家教的精髓。面对快节奏和信息爆炸的社会，家教的重要性愈发凸显，"兴在家风，旺在教养"这句话更是切中了家教的核心。

　　家教还一直是中国传统文化的重要组成部分。为了培养出德才兼备的孩子，家长们需要以身作则、言传身教。通过借鉴历史名人教育儿女的经验，为孩子树立良好的榜样，引导孩子树立正确的人生观和价值观。充满关爱、理解和耐心的教育，不仅可以帮助孩子发现自身的潜力，还可以引导他们健康成长。

　　本书分为上、下两篇，上篇以"言传身教，树立家风"为主题，旨在帮助家长们了解家庭教育的重要性，并提供实用的教育方法；下篇以"弘扬美德，注重教养"为主题，探讨了如何在家庭中培养孩子良好的品格和道德观念。通过阅读，父母可以借鉴中国古代名人教育子女的方法，并结合实际情况总结出更为科学、实用的教育方式，帮助孩子健康成长。

同时，本书穿插了大量的高清漫画，生动有趣，不仅可以使读者在阅读的过程中受到启发、获得知识，还可以领悟到家庭教育的重要性。

从现在开始，让我们共同努力，将"兴在家风，旺在教养"的教育理念融入日常生活中，为孩子的成长添砖加瓦。愿我们携手创造一个充满爱和温暖的家庭，培养出更加优秀的下一代，共同构建美好和谐的社会。

目录

上篇：言传身教，树立家风

下篇：弘扬美德，注重教养

上篇：言传身教，树立家风

古往今来，如何让孩子接受良好的家风和家教，是父母育儿过程绕不开的话题。在成长过程中，孩子往往会模仿父母和长辈的言行举止。因此，父母的言传身教是塑造孩子品德的关键因素。言传是指通过言语来引导孩子树立正确的行为准则，让他们领悟做人之道，成长之路；身教则是指通过自身行动作为榜样，充分发挥引导和示范作用。

曾子杀猪教子：做一个诚信的人

　　曾子杀猪的故事代代相传，是言传身教的典型例子。它讲述了一个很浅显的道理：父母是孩子的第一任老师，孩子的一言一行都会追随父母，并将这些习惯延续一生。如果父母习惯于撒谎，那么孩子也会学着撒谎。所以，在教育孩子时，父母必须使用正确的言语，并亲自实践。

成长习惯

　　习惯名称：言出必行

　　成长指数：五星

　　简要介绍：言出必行，指的是一个人一定会去履行自己所做出的承诺。如果一个人总是能实现他的诺言，说明他的为人处世态度都比较真诚。能够做到这一点的人，总会受到其他人的尊重。与之相对，那些承诺了却做不到的人，就会遭到别人的厌弃。

曾子名参，字子舆，是春秋时期大教育家孔子的弟子，也是孔子学说的主要继承人。他为人真诚正直、知礼守礼，是儒家学说的代表人物之一。

曾子成家后，和妻子有了第一个孩子。他十分重视对这个孩子的教育，一言一行都要求自己先做好，再教授给孩子，唯恐不能教会孩子美好的品德。

随着孩子渐渐长大，开始变得喜欢模仿大人们的行为。有一天，曾子的妻子想去集市上买东西，她的儿子也想跟着去。妻子担心带着他不方便，就哄骗儿子先回家，等她回来就杀猪吃。

妻子从集市回来后，早已忘记这个承诺，却看见曾子正拿着一把菜刀往后院走。她不明白发生了什么事，于是问丈夫要去干什么。曾子说，他要去把家里养的猪杀掉。

　　妻子听了，觉得很不可思议。她连忙制止曾子，说她刚刚不过是为了哄骗儿子，不让他哭闹才这么说的，闹着玩而已，不用这么较真。曾子听完，表情立即变得严肃起来。

我和小宝说着玩的，哪能真的去杀猪呢？

　　他说道："跟小孩子不能随便开玩笑。他们不懂事，只能向自己的父母学习，并听从父母的教导。你骗他，就是在教他撒谎。做母亲的骗了儿子，儿子以后就不会再相信母亲。这不是教育孩子应有的做法。"说完，曾子便去把猪杀了，当晚就让孩子吃到了猪肉。

你教会小孩子说谎，他以后就会学着去骗别人！

好吧，是我的错。

说到做到真好啊！我以后也要做个言出必行的人！

　　曾子杀猪的故事教育我们，父母是子女的启蒙老师。父母的一言一行、一举一动都会影响子女的成长，是他们思想与品德的导向标。所以，有先见之明的家长，会在孩子面前以身作则，通过生活中的小事来培养孩子的美好品德。

你写完作业再看！

爸爸，我想看动画片。

就知道看动画片！天天看电视对眼睛不好！

他已经完成作业了，你既然答应了他，就要让他看！

　　曾子用他的实际行动教育自己的孩子，做人要言而有信，以诚待人。这一珍贵的品质，能够让子女受益终身。从此，后人提到以身作则的典故，都会先想到这个故事。

曾子烹彘

这就是著名的曾子杀猪教子的故事。

实践 1+1

小朋友们，阅读完曾子杀猪教子的故事，我们能从中得到什么启发呢？在日常生活中，我们有没有做到言出必行呢？具体是怎么做的呢？

1. 跟朋友约好出去玩，准时到达约定的地点；

2. 答应要做的事，不找借口推辞，坚持做到，履行诺言；

3. 对于没把握做到的事，不要轻易许诺。如果答应了，就要想办法做到。

名言对对碰

吾日三省吾身：为人谋而不忠乎？与朋友交而不信乎？传不习乎？

——曾子

苏洵废寝忘食：以身劝学

苏洵是唐宋文学八大家之一，著名诗人苏轼的父亲。苏洵废寝忘食的故事，一直为人们所津津乐道。他对于学习的勤奋和探索精神，也激励了他的两个孩子。大部分时候，父母自身的上进心与孩子的求知欲直接挂钩，以学带学也不失为一种好的教育方法。

成长习惯

习惯名称：勤学苦读

成长指数：五星

简要介绍：在人们的生命中，学习是一个随时都能进行、什么时候开始都不晚的行为。我们每天都在接触新信息，如何筛选这些信息，取其精华，去其糟粕，最后让这些信息为我们所用，就是我们学习的意义。为此，我们要付出大量的时间和精力。

　　苏洵早年人生过得非常惬意，父母健在，他也没有养家的苦恼。因此，他虽然天资聪慧，但不发愤读书，看见那些烦冗的诗文，便觉得枯燥，很快就放弃学习了。当有人问起他为何不读书时，他的回答是："读书哪有游山玩水快乐？"

　　后来随着母亲去世、长子诞生，苏洵才意识到了责任的重大。他觉得先前游戏人生的想法太过天真，如果他继续堕落下去，他的孩子岂不是也会变成他这个样子？想到这里，他决定重

新捡起书本，努力考取功名。

　　然而，苏洵用功读书起步太晚，许多知识他都还不知道。最开始他并没有意识到这一点，认为身边的读书人水平都差不多，但在连续两次考试都失败后，他才真正明白了学习的艰难。

看来读书也没有多难呀。

榜示公

别灰心，下次能考好的。

又没有我啊。

　　经历了考试失败后，苏洵把自己关在书房里整理以前写的文章，找到了自己的一些不足之处。他觉得不能以这样的水平去教导自己的孩子，也不能让这些书稿流传下去。于是，他把书稿全部烧了个干净，坚定了从头开始的决心。门口的小苏轼看到父亲

读书必须要刻苦才行啊。

的举动，频频点头表示赞同。

焚稿发誓后，苏洵读书的态度和从前完全不一样。在家时，他和孩子们一起学习，希望能用这种刻苦求学的态度感染两个儿子，希望他们能够早点儿明白读书的可贵。

有一次，苏洵的妻子程夫人看苏洵一直待在书房看书，早餐都没来得及吃。于是，她特地包了几个粽子，和白糖一起送过去。到中午时她去书房取餐盘，发现粽子已经吃掉了，白糖却一点儿也没动，只看到苏洵的嘴边黏着糯米粒和墨水。

程夫人对两个孩子说："你们的父亲读书如此用功，你们一定要向他学习。"果然苏轼和苏辙两人没有辜负父亲和母亲的期待，长大后同时在考试中及第，后来还成为历史上赫赫有名的两位文学大家，与父亲苏洵一起合称为"三苏"。

苏洵结合自身的经历，认识到了言传身教的重要性。他用努力上进的表现，营造了良好的家庭学习氛围，激励两个孩子产生学习的动力，最终取得了理想的效果。因此可以看出，在孩子学习过程中，有家长指导影响效果会更好。

实践 1+1

小朋友们，在看完苏洵发愤读书的故事后，你们有什么感想呢？在我们学习的时候，有没有遇到困难需要请教爸爸妈妈的时候呢？

1. 主动拿上课做的笔记和老师布置的练习题去和爸爸妈妈分享，和他们一起讨论新学的知识点；

2. 和爸爸妈妈一起看书，有不懂的知识及时询问爸爸妈妈，并一起解决问题。

名言对对碰

功之成，非成于成之日，盖必有所由起。

——苏洵

欧母画荻教子：穷且益坚

　　欧阳修和母亲曾经共同度过一段十分艰难的生活，在这段经历中，欧阳修的母亲用实际行动教会自己的孩子，即使暂时身处困境，也不要被困难击败，而是要勇敢面对困难，想办法克服困难。在日常生活中同样如此，父母为孩子提供庇护的同时，也应该教会孩子面对困难的方法。

成长习惯

　　习惯名称：迎难而上

　　成长指数：五星

　　简要介绍：迎难而上指的是，遇到困难时，不要马上想着退缩，而是应该勇敢面对，迎着困难去思考解决问题的办法。在我们的人生中会遇到各种各样的困难，一旦我们养成积极解决问题的意识，不害怕挫折，勇于挑战，那么所有的困难都将会迎刃而解。

社交故事

欧阳修是北宋知名的政治家、文学家，备受世人的尊敬与推崇，他的成功离不开母亲的辛苦栽培。在欧阳修的父亲还在世时，他家庭幸福，其乐融融。然而好景不长，在欧阳修四岁那年，父亲过世，留下他们孤儿寡母相依为命。

从此以后就是我们孤儿寡母过日子了。

母亲别哭，我会长成男子汉，担起家里的担子。

父亲去世后，家里失去了主要收入来源，欧阳修和母亲的生活条件一落千丈。他们经济拮据，贫困到了没有一间房、没有一垄地的程度。在这种情况下，吃饱穿暖都成了问题，他们只有依

母亲，我饿。

乖孩子，等母亲想想办法。

靠邻里的帮助才能勉强度日。

　　欧阳修的母亲意志坚定，她不愿意让欧阳修继续过这样的生活。有人劝她改嫁，但她不愿意让欧阳修跟着受委屈，于是决心用自己的劳动换取生活费用，把欧阳修养大，并让欧阳修接受良好的教育，改变他的人生。

　　欧阳修的母亲还十分勤劳，不论是什么脏活累活，她都愿意做。即使佣金低廉，她也能接受。做工之余，也不放弃对欧阳修的教育。欧阳修被母亲的意志所感动，从五岁起就开始跟随母亲认真学习。

然而，欧阳修家里太穷，买不起灯油和练字用的笔墨纸砚。但这并没有难倒欧阳修的母亲，她灵机一动，想出了个好办法：用荻（芦苇秆）代替笔和墨，在地上铺一层沙子代替纸张。没有灯，欧阳修就赶在天黑之前刻苦学习。

终于功夫不负有心人，在欧母含辛茹苦的教养下，欧阳修继承了她身上所有美好的品质，在逆境中毫不畏惧，敢于吃苦耐劳。在他少年时，就已经读遍了自己能够读到的书籍，为了获取更多知识，他甚至还去同乡那里借书来抄写学习。

　　从贫苦家庭中成长起来的欧阳修从不放过任何学习的机会，他发愤图强，遇到困难就想办法去解决，遇到不懂的问题就一定要弄懂。读书时，他成绩优异，在二十三岁时高中进士，彻底改变了贫困的境遇。

　　欧阳修的母亲用她坚定的意志和行为教会欧阳修，也教会我们一个道理：再大的困难都是可以战胜的。她凭借辛勤的劳动抚育欧阳修成人，身上坚韧不拔的劳动精神影响了欧阳修，将他培养成了一个真诚善良的伟大人物，最终名垂青史。

实践 1+1

小朋友们，看完了欧母画荻教子的故事后，你们有什么感悟吗？在我们的日常生活中，那些看似很难的问题，又该怎么解决呢？

1. 发现有不会做的题目，要及时询问老师和父母或者查找资料，寻找解题方式；

2. 在生活中遇到困难时，不要退缩，要学会勇敢面对。

名言对对碰

努力图树立，庶几终有成。

——欧阳修

范仲淹扶危济困：达济天下

先贤孟子曾说："穷则独善其身，达则兼济天下。"范仲淹的达济思想就来源于此。他不仅自身实践了这一点，还教育子女们也要这么做。作为父母，在待人接物时展现出宽厚与仁爱，对自己的孩子成为一个优秀的人有很大的帮助。

成长习惯

习惯名称：乐善好施

成长指数：五星

简要介绍：乐善好施指的是，人要喜欢并主动去行善做好事，愿意拿出财物和食物等资源去接济有困难的人。当我们拥有一定的可活动资源时，不能对身边存在的苦难视而不见。适当地发善心做善事，不仅能帮我们解决燃眉之急，还会帮助我们收获精神上的富足与快乐。

社交故事

范仲淹幼年丧父，两岁时跟随母亲改嫁，曾经历过一段家境贫寒、励志苦读的生活。令他印象深刻的是，尽管家庭不富裕，但母亲还是会在别人需要时伸出援手，提供力所能及的帮助。

> 真是谢谢你啊！

> 大娘太客气了，谁都会遇到困难。

范仲淹少年时在醴泉寺寄宿读书。冬天为了提神，他用冷水洗脸。没有钱吃饭，他就每天拿两升小米煮粥，等粥凝固了之后分成四块，早晚各吃两块，拌着腌菜果腹。寺庙住持欣赏他吃苦耐劳的精神，送给他炊饼，范仲淹对此十分感激。

> 这两块现在吃，这两块就留到晚上吃吧！

> 不用谢我，你持有这份感恩之心就好。

> 谢谢住持。

范仲淹娶妻生子后，治家非常严格。他教导孩子们要清廉俭朴、积德行善，以乐善好施为家风。子女们对此相当信服，因为范仲淹自己平时就是这么做的。

> 做人要乐于助人，看见他人有困难，不要吝啬对他们提供援助。

范仲淹担任邠州知州时，某次登楼饮酒，看见有几个人披麻戴孝在做丧葬的用品，就派人去询问，才知道是有个书生过世，他的朋友们打算就近把他埋葬，但是墓穴和棺材这些东西都还没有准备。范仲淹听后很悲伤，当即撤去酒席，将钱财赠送给这些人，让他们替这个书生举办丧事。

> 这些人在干吗呢？
>
> 大人，好像是有个书生死了，在办丧事。

> 谢谢大人的慷慨解囊！
>
> 你们持有这份感恩之心就好。

有一次，范仲淹让次子范纯仁运麦至四川，范纯仁在路上遇见朋友家有丧事，却没有钱财运棺返乡，便把一船麦子都送给了朋友。

> 别哭了，我把我的麦子都送给你，你拿来当路费吧。

范纯仁回到家里之后，并没有提这件事。范仲淹问他路上有没有遇到朋友，他才说："碰到了一位朋友，他亲人去世，没有钱回乡，被困在了苏州。"范仲淹马上说："那你为什么不把麦子送给他呢？"范纯仁说："已经送给他了。"范仲淹听后，感到非常高兴，夸他做得很对。

> 我把一船麦子都送给了他，让他回家了。

> 你做得好，就应该这么做的！

范仲淹的善良不仅仅表现在他对身边人和事的态度，还表现在他对天下百姓的担忧和包容。他常常对孩子们传达他的忧国忧民思想，让他们放宽眼界，不要贪图眼前的富贵荣华，而是要去看看外面更广阔的世界，帮助那些正在遭受贫困磨难的人们。

受到范仲淹的熏陶，范纯仁读书明理，后来官居宰相。范纯仁同样也强调言传身教，以俭朴和忠恕来教育子弟。曾有个亲属请教范纯仁如何处世，范纯仁告诫他说："保持俭朴和廉洁，学会宽恕和仁慈，就可以成就好的德性。"范仲淹的家风就这样传承了下去。

实践 1+1

小朋友们，在读过了范仲淹扶危济贫和达济天下的故事后，你们有没有从中得到启发呢？在我们的日常生活中，有哪些办法可以帮助到别人呢？

1. 看见有人需要帮助，及时伸出援手，但不要求别人报答；

2. 路上遇见残疾人，可以帮忙给他引路；

3. 朋友遇到麻烦，可以帮忙解决。

名言对对碰

先天下之忧而忧，后天下之乐而乐。

——范仲淹

司马光厉行节约：勤俭是美德

勤，是勤劳的意思；俭，是节约有度的意思。勤俭是我们中华民族的传统美德，也是家庭教育中的重要主题。司马光一生都在贯彻"勤俭"这个理念，并把这种美德传递给了后人。将这个观念放到现在，仍然不过时。父母应当自身勤俭，并让孩子也养成这种习惯。

成长习惯

习惯名称： 量入为出

成长指数： 五星

简要介绍： 量入为出指的是，人们应当根据收入的实际情况来规划支出的金钱额度。意在劝诫人们不要有花钱大手大脚的习惯，以免给自己造成过大的经济压力，导致入不敷出。用来劝告人们不要铺张浪费。那些懂得勤劳节约的人，更容易获得幸福的人生。

社交故事

　　司马光出生在官宦家庭，他的道德观和知识都来自于他父亲司马池的教育灌输。司马池十分注重对司马光的培养，经常把儿子带在身边，让司马光学习他的言行举止。年幼的司马光很认同父亲的教育方式，决定也要用这样的方式来教育自己的孩子。

这是犬子司马光。

我是司马光。

　　司马光从小跟随父亲奔走，见识过民间百姓的艰辛。等他长大成人进入官场后，见到有些士大夫生活奢靡，意识到这样做是不对的。因此，他反对寻欢作乐，而是一再强调为人要勤俭正

这些人真可怜。

可怜可怜我们吧……

做官是不能这样奢侈浪费的。

直，反对奢华与浪费。

　　司马光和妻子成婚后一直没有孩子。为了延续家族香火，他从亲戚那里过继了一个名叫司马康的孩子。司马康很懂礼貌，而且十分热爱学习。最初吃饭时他总是把掉在桌子上的米粒扔掉，见养父会把掉下的米粒捡起来吃，司马康也学着节约粮食，再没扔掉过桌上的米粒。

谁知盘中餐，粒粒皆辛苦。

　　司马迁一直把司马康当亲生儿子一样对待，对他十分严厉，以自己的标准严格要求司马康。某次，司马光问起养子，会不会

觉不觉得我很凶，又太抠门？

并没有，我只觉得父亲道德十分高尚。

觉得自己对他太严格。司马康回答说："父亲这样待我，我很高兴。"

　　司马光晚年回到洛阳编修《资治通鉴》，住在一个非常简陋的居所。为了编修史书，他挖了一间地下室，专门在里面读书。当时洛阳有个叫王拱辰的大臣，他的府邸十分豪华，楼阁建了好几层。有人开玩笑说"王家钻天，司马入地"，司马康听了非常生气。

王府

王家钻天。

司马入地。

一帮不知道勤俭的人！

　　司马光为官四十年，一生清贫。妻子去世时，他甚至拿不出给妻子办丧事的钱，竟然把家里仅剩的三顷田卖了，用来买棺材办丧事。世人和他的养子司马康都被他的行为深深打动。

这是我仅有的家当了。

司马大人真是个大清官啊！

府马司

司马光曾经官至宰相，一人之下，万人之上，却清贫一生，实在令人敬佩。他通过言传身教，把这种勤俭节约的精神也传递给了后人，使节俭持家成为一种家族风尚。

你的祖父是个很节俭的人，不浪费是咱们家的规矩。

好的。

如今，我们的物质生活水平远远高于从前，人们吃穿不愁，衣食无忧。但我们仍然要保持勤俭节约的家风，因为这是一种良好的生活方式，也是对生产者的一种尊敬，能够使家庭长久幸福。

我不想吃了！

妈妈说了，你这是浪费食物！

实践 1 + 1

　　小朋友们，对于司马光的勤俭故事，你们读后有什么感想吗？在我们的日常生活中，哪些事件属于勤俭节约的行为呢？

　　1. 在饭馆里吃不完的饭菜打包带回家吃；

　　2. 把零花钱攒起来，不随便花出去。

名言对对碰

　　学者贵于行之，而不贵于知之。

——司马光

张居正为慈父：本之以情

在孩子的成长过程中，和睦的家庭氛围相当重要。和谐家庭成长起来的孩子，更容易形成正确的世界观、人生观和价值观。"棍棒教育"不适用于现代社会，"暴力教育"会导致孩子学会用暴力解决问题。因此，家长要和孩子建立友好的沟通方式，才能更好地传达知识和道理。

成长习惯

习惯名称：明德知礼

成长指数：五星

简要介绍：明德知礼指的是，做人要通晓道德，懂得礼貌，并且在与人交往时以身作则。以文明理性的方式与人交往，是人们在日常交往、家庭以及社会中应当遵守的道德规则。

社交故事

张居正是明朝时期的一位著名政治家、改革家。年少时就很出众，他在一个家风严格的家庭中长大，熟读四书五经，深谙礼义之道。后来，他把一生所学都教给了自己的孩子们。

张居正作为历史上赫赫有名的内阁首辅，在朝廷里雷厉风行，在家却是一位慈爱的父亲。他虽然对几个儿子有很高的要求，但在他们犯错时，他也不会马上指责，而是先问清楚事故缘由，再依据情理来解决问题。

张居正一生中共有七个儿子，一子夭折，其他六子平安长大。其中最出色的是二儿子张嗣修和三儿子张懋修。张嗣修在殿试上考取了第二名，张懋修则是高中状元。他们的优秀都离不开张居正的悉心教导。

你们家现在一个首辅，一个榜眼，现在又来一个状元，真是家风优良啊！

过奖过奖。

张居正认为，教育子女时，仅仅依靠书本教是远远不够的，还要以身作则，让孩子们看到教条的实际作用。他还认为，长辈对后辈的影响，不在于能留给他们多少钱财，而在于能否以优秀的人格启发后人。

我给我的孩子留了几十万两黄金，你呢？

我给他们留下了珍贵的品格。

张懋修天资聪慧，又好学上进，被张居正寄予厚望，专门聘请了名师来辅导他的功课。所有人都认为，张懋修会是兄弟中最早考取功名的人，张懋修自己也这么认为，但没想到他两次考试都没有上榜。

> 这部分知识不用再教了先生，我已经都看过了。

> 又没有我的名字，怎么会这样呢？

张居正虽然对这个结果感到失望，但他没有责备儿子，而是帮忙分析不能中第的原因。原来，张懋修本身天资聪颖，再加之太过浮躁，难免小瞧科举的文章，才没能考中进士。后来，在父亲的开导下，张懋修自我反省，重新苦读，终于考中了状元。

> 父亲！我考中状元了！

> 我就知道你能做到的。

　　不难发现，在鼓励包容的家庭氛围中长大的孩子，更擅长在今后的生活中传达爱意，也更容易理解和包容他人。

没关系，总结这次的经验教训，争取下次考出好成绩。

爸爸妈妈，我这次没有取得高分。

　　在张居正看来，家庭教育对子女的品格塑造和言行规范发挥着重要作用。他在教育子女时切实做到了以德服人、以理服人，成为后人家庭教育的榜样。受他的影响，他的子女们都坚持明德守礼，把家风一代代传承了下去。

以德服人　以理服人

实践 1+1

小朋友们，在阅读了张居正教育子女的故事后，你们有没有得到什么启发呢？在日常生活中，又有哪些明德守礼的行为呢？

1. 客观地看待问题，不急不躁，和朋友讲道理，不轻易大吵大闹；

2. 尊重他人的想法，不随便打断对方发言；

3. 不以自我为中心，理解并包容别人的处境。

名言对对碰

本之以情，秩之以礼，修之家庭之间，而孝悌之行立矣，独文与哉！

——张居正

杨震拒金：留子孙清白之名

　　杨震拒金的故事口口相传，这也是"天知地知，你知我知"俗语的来源出处。这个故事教育人们，在现实社会中，诱惑无处不在。为了避免孩子被浮华蒙蔽良知，必须从家庭教育抓起，让孩子从小树立强大的意志力以及不为眼前利益而动摇的正确价值观。

成长习惯

　　习惯名称：君子慎独

　　成长指数：五星

　　简要介绍：君子慎独指的是，即使没有人知道，有德之人也会坚守道德理念，不做违背道德准则的坏事。"慎独"的意思是道德修养的最高境界，也是最为可贵的品质，需要依靠长期的修身和自省才能做到。坚持慎独的人，才会拥有良好的道德和责任感。

社交故事

杨震是东汉时期的一位大臣。他博览群书，通晓天文地理，专心研究儒家经典，朝廷多次邀请他出去做官，却被他拒绝。直到他五十岁时，大将军邓骘听说他的贤名后多次邀请，他才担任了刺史和太守的职位。

杨震为官时，奉行公正清廉，一心为民，从不为自己谋取私利。他不仅自己做到了这一点，还这样教育子女，为儿女树立了廉洁的榜样。

杨震在荆州做刺史时，发现有个叫王密的年轻人才华出众，就向朝廷举荐王密做县令。后来，他去东莱做太守，途经王密当县令的地方时，王密亲自到郊外来迎接他。第二天晚上，王密又趁夜来拜见他。

你怎么专挑晚上来？

因为有点儿急事。

两人在院子里喝酒，聊得正高兴，王密突然从怀里捧出黄金，放在桌上，表示感谢杨震对他的栽培。杨震见了，有些不高兴，拒绝接受这些金子。

杨震便让王密把金子拿回去，王密却说："天正黑着，没有

大人，这是送给您的谢礼，您可千万不要嫌少！

我提拔你可不是为了这些金子！

人会知道。"

　　杨震愈发不高兴，严厉地说："天知道，地知道，你知道，我知道，怎么就说没有人知道呢？就算没有别人在，你和我的良心就不存在吗？"

天还黑着呢，没人知道我们的事。

天知地知，你知我知！

　　王密听完他的训斥后，顿时满脸通红，灰溜溜地收起了金子，向杨震告别。后来，杨震把这件事告诉了儿子杨秉，提醒他要学会拒绝别人的奉承，不能轻易受贿，败坏自己的道德。杨秉听后感叹地说："父亲真是公正啊！"

希望你以后能做个好官。

　　杨震为官，从不吃请受贿，一直过着俭朴的生活。他的孩子也坚持步行出门，不使用代步工具。有人劝他为后代置办家业，杨震却坚决不肯，他说："让世人都称他们为清白官吏的子孙后代，这样的遗产难道不丰厚吗？"

　　多年后，杨秉也受邀出去做官，有官吏曾拿着许多钱财送给他，他关着大门拒绝接受。有人评价，杨秉的行为和他父亲如出一辙，就这样杨氏廉洁的家风流传了下来。

实践 1 + 1

小朋友们，看完杨震拒金的故事，你们有什么感想呢？联系现实，我们的生活中是不是也存在着许多诱惑，让我们的生活为此受到影响呢？比如：

1. 不控制看动画片的时间，导致作业不能按时完成；

2. 吃太多糖，导致牙齿长了蛀虫，开始牙疼；

3. 平时贪玩没有好好学习，考试的时候碰上很多不会的题目。

名言对对碰

我死后，仅以杂木为棺，布单盖体，不归葬所，不设祭祠。

——杨震

万石君闭门反思：教不严父之过

万石君的故事之所以为人称道，是因为他作为一个没有接受过教育的普通人，却能做到恭谨自省，时刻检讨错误。这一点被他延伸到自己的家庭教育中。在侍奉母亲时，他时刻反省有没有尽到孝道；在子女犯错时，他则反省自己有没有尽到父亲的责任。

成长习惯

习惯名称：吾日三省吾身

成长指数：五星

简要介绍：吾日三省吾身出自《论语·学而》，原文的意思是，我每天都要自我反省几次：替人办事有没有尽力？和朋友交往时有没有做到诚实以待？老师传授的知识有没有按时温习？你会发现，经常自省的人能够及时发现自己的不足，然后改正后成为更好的人。

社交故事

西汉名臣万石君的本名石奋，万石君则是汉景帝赐给他的封号。汉朝建立之初，石奋只是一个无名小吏。他侍奉汉高祖，因为恭谨的言行得到了高祖的重视。

年轻人，我很喜欢你的态度，要不要跟随我？

十分愿意为您效劳。

石奋的家风非常严格。尽管后来他的姐姐当上了妃子，他也从不张扬。他虽然没有接受教育，却深知教育的重要性。因此，他用心教育四个儿子，为他们请来富有学识的老师。后来，他的子孙后代们都成为了汉朝的栋梁之材。

你现在是皇帝的小舅子，一定很威风吧？

不敢，那是姐姐的荣耀，并不是我的。

我给你们请了最好的老师，你们一定要跟着老师努力学习。

　　石奋请人来给子孙们教授知识，他则亲自教导他们做人的道理。石奋很清楚，孩子们会从他身上学到一些缺点。因此，每当子孙们犯错时，石奋不会怪罪他们，而是把自己关在房间里，反省自身的过错。

父亲，你为什么不责罚我们呢？

你们的错也是我的错，让我想想自己的错在哪里。

　　石奋自我禁闭时，还会因为忧虑和自责而吃不下饭。但他从不责罚孩子，而是选择自己受苦。这让儿子们更加愧疚，开始主动反省过错，并向石奋忏悔，保证不会再犯。石奋见他们是真心改过，才会原谅自己，出来吃饭。

父亲，我们错了，请您出来吃点儿饭吧。

你们真知错了？

为了给后辈树立尊礼守节的榜样，石奋对自己的行为也严格要求。如果有做官的子孙前来拜见他，他一定会身着正服接见，并且不会直接称呼子孙的名字，而是叫他们的官名。如果是和成年子孙同席，即使是私人场合，他也会正襟危坐。

父亲，我来看望您了。

石太守，你有心了。

您老人家身体最近怎么样啊？

还行，还行。

石奋对于自己和家人的要求，在当时的人们看来过于严厉，甚至是难以接受的。石奋却坚持认为，长辈的一言一行都会给孩子造成不可磨灭的影响，严格的家风才能让孩子学会谨言慎行，时刻自省。

你对子女严格就算了，对自己怎么也这么过分？

当孩子犯了错，那做父亲的就犯了更大的过错。

万石君的事迹直到今天还被人们传颂，他执着的自省之心打动了很多人。从他身上，人们可以学到一个道理：无论身处什么样的境遇，都应该做到自我反省和自我要求。长远来看，严格的家风对家庭和后代都十分有利。

因此，我们应当时刻铭记万石君的故事，不断反思自己的行为和态度，努力培养出严谨的家风，为家庭和社会的和谐发展贡献自己的力量。

实践 1 + 1

小朋友们，看完了万石君的故事，你们产生了哪些想法呢？在我们的生活中，又该如何做到自我反省呢？

1. 做错题目时要反省做错的原因，并记住正确的解题方式；

2. 和爸爸妈妈或是朋友吵架时，要反省自己是不是也有不对的地方；

3. 每天睡前思考一下，今天还有没有没做到或是没做好的事情。

名言对对碰

君子欲讷於言而敏於行，其万石、建陵、张叔之谓邪？是以其教不肃而成，不严而治。

——孔子

朱元璋带头节流：上不正下必歪

你说我说

　　朱元璋是历史上少有的贫苦出身的皇帝。作为封建王朝权力顶端的帝王，他带头节衣缩食是为了警醒后代，让他们拥有良好的德行；也是为了警醒臣子，让他们不被地位和财富蒙蔽双眼和良知。这样的教育方式和良苦用心，也很值得父母和孩子们学习。

成长习惯

　　习惯名称：身正不怕影子歪

　　成长指数：五星

　　简要介绍：身正不怕影子歪指的是，当一个人站得端正的时候，他的影子也不会歪斜扭曲。比如人只要走正路、做正事，就不用害怕有不好的影响。相反，如果做事用心不良或是知错不改，就容易引发不好的后果。

社交故事

朱元璋出身于农民阶层，他少年时就失去父母，为了生计曾做过乞丐，吃了很多苦。后来，他积极参与农民起义，推翻了元朝暴政，在众人的簇拥下即位称帝，建立了明朝。

> 请帮帮我吧，我已经饿了两天了。

> 没有你们的帮助，我是不会当上皇帝的。

朱元璋重视自我提升，也很重视对儿子的教育。于是，他常常和太子一起听大学士讲课，向他们请教治国的方法。

> 要治国，我最应该注意什么呢？

> 从古到今，治国最应该注意的都是贪腐问题。

在明朝建立初期，朱元璋的宗亲和一些官员们开始贪图享受，过起了骄奢淫逸的生活。他的侄子朱涛更是大肆追求奢侈生活，导致人们争相效仿，造成了恶劣的影响。

> 我是皇帝的侄子，就应该过这种富贵的生活！

朱元璋深知百姓的生活苦难，所以对贪污腐败的行为深恶痛绝。他看到这种现象后心急如焚，决心改变现状。他找来妻子马皇后商议，询问有没有振兴家风和国风的办法。

聪明的马皇后给他提供了建议："想要正人，必须先从自身做起。"几日后就是我的寿辰，你可以举办一场简朴的寿宴，来告

> 他们这个样子，继续下去会后患无穷的！

> 是啊，应该想办法改变了。

诚子侄后人和那些贪官污吏。朱元璋觉得这个办法很好，便通知负责举办宴会的官员，一切礼仪从简。

过几天皇后的宴会上不能上肉菜！让所有人吃素！

这……这，好吧。

到了马皇后生日那天，文武百官前来祝贺。朱元璋下令开席后，菜品陆陆续续端到了皇亲国戚和官员们的桌子上。所有人都大吃一惊，因为第一道菜居然是一盘素萝卜。大家面面相觑，都不明白皇帝的意思。

接下来的几道菜也全是青菜，还有一道白豆腐汤。大家看着菜都猜出了菜品中"清廉"的寓意。朱元璋见臣子们吓得不敢吃

这是什么？

寿宴就让我们吃萝卜？

饭，于是带头吃了起来。他说："上梁不正，下梁才会歪斜。从今天起，我不会吃任何奢侈的食物，用任何奢侈的物品。"

> 我要当个好皇帝，当然要和百姓吃一样的东西。

> 皇上家风严格，我也会效仿您。

　　经过这次寿宴，朱家的子孙们都收敛了许多，也过上了勤俭节约的生活，朱元璋对此感到十分欣慰。朱元璋作为一国之君，及时意识到家风不严带来的严重影响，并设法节流，成功消除了隐患，治国有方，使明朝成为我国历史上最强大的朝代之一。

> 皇帝都如此勤俭，我又怎么能铺张浪费呢？

> 这样就不用担心牙齿长蛀虫了！

实践 1 + 1

小朋友们，在看过朱元璋的故事后，你们有什么感想呢？在我们的生活中，是不是也有一些节约的办法呢？

1. 把零花钱收集起来，有计划地进行使用；

2. 在购物时要注意商品价格，不购买超出自身支付能力的物品；

3. 不浪费粮食，把不需要的衣服放进旧衣回收箱。

名言对对碰

为天下者，譬如作大厦，大厦非一木所成，必聚材而后成。天下非一人独理，必选贤而后治。

——朱元璋

朱熹临终家训：修身报国

★ ☆ ☆ ☆ **你说我说** ☆ ☆ ☆

大教育家朱熹是南宋著名的儒学大家，他影响了千年来的儒家思想。他把自己的一生都奉献给了他研究的立身治家和修身治国之道。他认为，只有先做好了自己，才能治理好家庭、维护好国家。只有父辈把好的修身习惯传递给后辈，才能让后辈养成良好的德行。

成长习惯

习惯名称：实现自我价值

成长指数：五星

简要介绍：修身的过程，可以通俗地理解为发掘自我价值的过程。只有实现自我价值，修养出美好的德行，才能用美德去感染更多的人。父亲可以把美德传递给孩子，孩子可以传给朋友，这些又会影响更多的人，进而形成良性循环。

社交故事

朱熹是南宋时期的著名教育家。他治家严谨有方，以振兴教育为己任，一生践行修身之道，倡导后人和他一样。临终前，朱熹仍然在传授人生道理，把儒学精华和他的思想融入家规家训，留下了一篇使天下人受益的《朱子家训》。

> 我虽然会离开，但我留下的哲理不会。

后来，朱熹还编订了一本《童蒙须知》，里面记载了朱熹结合自身经历归纳出的儿童启蒙方法。他在书中总结了自己的读书经验，即读书必须有"三到"：心到、眼到、口到。心眼口都用

> 读书最讲究的是要用心，眼睛要看，嘴要张开。

功，才能真正读懂书。

朱熹教育子女时，把学习分成"小学"和"大学"两个阶段，并提出不同阶段的学习内容和方法。十五岁之前是小学阶段，儿童思维能力不强，所以要教给他们基本的道德伦理、基础的文化技能以及良好的行为习惯。

十五岁之后，是大学教育。为了把儿女们培养成国家栋梁，朱熹把教学内容改为教授事物本质蕴含的道理，分析事物存在的原因。这种大道理不是靠悟性就能懂得，因此朱熹会亲自带领他

们去实践中探索事物的真相。

朱熹认为，孩子要尽早接受教育。越早受教的孩子，理解能力就越突出；在教授知识时，要尽力激发孩子的兴趣，以身作则，使孩子耳濡目染，从而带动他们共同学习。

对于大学教育的方法，朱熹非常重视让孩子自学，以及让学生之间用不同的学术观点进行交流。

自学的意义在于温习已经接收的知识，通过冥想来自我消化，使其变成自己的观点；交流的意义在于让不同的思想碰撞，

从而挖掘观点的深度。

　　朱熹醉心于教育事业，却没有十分专注仕途。但在国家有需要时，他总是挺身而出。乾道四年（1168），崇安发生水灾。朱熹奔走劝说豪民发放藏米赈饥，还向官府借贷粮食发给灾民，不让他们挨饿。后来，湖南瑶民起义，朱熹临危受命前去安抚，最终成功镇压了运动。

> 老人家，拿着这些米，您就不会挨饿了。

> 有事好商量，不要用暴力解决问题。

　　朱熹毕生为教育事业奔波，四处讲学。他的子孙也继承了这份品质，坚持以《朱子家训》为指引，修身报国，造福人民。

> 爷爷，我们朱氏后人一定会将您的理想发扬光大！

实践 1+1

小朋友们，通过对朱熹的深入了解，你们有没有得到什么启发呢？在学习的时候，有没有让我们提升的好办法呢？

1. 树立梦想，并朝着梦想努力学习；

2. 养成早读和复习的好习惯，温故而知新；

3. 多和同学或者老师交流学习感悟，多听从别人的建议和经验。

名言对对碰

慎勿谈人之短，切莫矜己之长。仇者以义解之，怨者以直报之，随所遇而安之。人有小过，含容而忍之；人有大过，以理而谕之。

——朱熹

下篇：弘扬美德，注重教养

美德是人格的光辉，教养是品德的滋养，二者共同构筑了一个人的道德底色和人生格局。良好的教养可以帮助孩子树立正确的人生观、世界观和价值观，让孩子受益一生。通过弘扬美德，向孩子传递珍贵的精神财富；通过注重教养，为孩子的成长奠定坚实的基础。本篇中收集的历史名人故事感染了一代代华夏儿女，为孩子的教育提供了丰厚的文化资源。让我们携手共进，共同致力于弘扬美德，注重教养，为孩子们的成长铺就一条光明之路。

孟母三迁：创造良好的成长环境

提到家风家教，就不得不提"孟母三迁"的故事。远在战国时期，大儒孟子的母亲就已经开始重视孩子的成长环境。她为了给孟子创造更好的学习条件，多次搬迁住所。由此可见，父母要想让孩子接受成功的教育，其中一个重要的因素就是良好的学习环境。

成长习惯

习惯名称：近朱者赤，近墨者黑

成长指数：五星

简要介绍：近朱者赤，近墨者黑指的是，靠近朱砂的事物会被朱砂染红，靠近墨水的事物会被墨水染黑。比喻人接近好人就容易变好，接近坏人就容易变坏，这说明客观环境能够对人产生巨大的影响。品行良好的人，也会在消极的氛围里遭受侵蚀；走上歪路的人，也能依靠教育来改邪归正。

社交故事

孟子小时候跟随母亲住在一个临近墓地的村落中。村子里有许多孩子，他们经常约着年龄相仿的孟子一起去墓地玩耍。时间一长，孟子学会了跪拜、嚎哭，还经常和几个小孩子玩办丧事的游戏。

走吧！出去玩去！

好呀！

他们这是在干什么啊？

不知道，我们也跟着模仿吧！

孟母看见孟子变成这样，心里愁绪万千。她意识到，这个地方绝不能再让孟子住下去了。她决定搬家，找个更好的居住环境，改掉孟子身上现有的坏习惯。

看来必须要搬家了。

　　于是，孟母带着孟子搬去了一个热闹的集市旁边。孟子很快就熟悉了这个地方，时不时就跑去集市玩耍，甚至学会了叫卖，做起了买卖货物的游戏。

走过路过，瞧一瞧，看一看，新鲜的树叶子一贯钱！

　　孟母撞见儿子学商贩做买卖的样子，气便不打一处来。她觉得这里也不适合孟子生活，并决定再次搬家。

母亲，我们为什么又搬家啊？

咱们要换个更好的成长环境！

这次，孟母把家搬到了一个学堂旁边。学堂里每天书声琅琅，孟子很快就被读书声吸引了，经常跑去学堂里旁听。学堂里的夫子教导学生礼仪，他也跟着照做。孟母看见了，非常欣慰，决定在此定居。

孟母的三次搬家，说明她非常清楚环境对人产生的重要影响。年幼的孟子正处在学习阶段，尚且不能分辨好坏。这时候的孩子就像一颗正在发芽的种子，如果土壤肥沃，种子就能茁壮成长；如果土壤贫瘠，那么种子可能会夭折，或是长成纤弱的嫩芽。

结合孟母三迁的故事，现代心理学家分析，有四个因素会对孩子的成长造成影响：家庭、学校、同龄伙伴和新闻媒体。想要孩子健康成长，首先要保证家庭和睦、学校学习氛围浓厚；其次要让孩子选择上进的朋友，共同成长；最后，孩子还需要接受健康向上的媒体信息。

引导孩子培养判断是非对错的能力同样重要。因此，父母应当和孩子经常沟通，告诉孩子可以模仿哪些做法，而哪些做法是错误的，是不可以模仿的。此外，要多带孩子参加有意义的社会活动，可以让孩子通过社会实践来认清是非对错。

实践 1+1

小朋友们，在读完孟母三迁的故事后，你们得到了哪些启发呢？在我们的日常生活中，该怎么避开不利于我们成长的不良因素呢？

1. 不和有不良习惯的人做朋友，比如偷东西、经常说谎等；

2. 培养良好的阅读习惯，通过阅读，逐渐建立起正确的价值观；

3. 多和爸爸妈妈交流，讨论生活中常见的不良行为，自身存在则改之，无则加勉。

名言对对碰

君子以仁存心，以礼存心。仁者爱人，有礼者敬人。爱人者，人恒爱之，敬人者，人恒敬之。

——孟子

翁氏读书振家：让孩子好读书、读正书

翁氏家族以集中为社会培养可用的人才为目标，创办了书院和学堂。他们的办学宗旨是为孩子创造良好的阅读条件，让他们爱上读书，读上好书，明事理，知礼仪，长大后回馈社会。

成长习惯

习惯名称：精益求精

成长指数：五星

简要介绍：精益求精指的是，已经做得很好了，还力求做得更好。比喻学习和工作时要追求更好更高的境界。不论是学习还是工作，我们都应该针对知识内容不断钻研，提升学习技能，不断进步，从优秀努力做到卓越。

历史上有两支知名的翁氏家族：唐朝时期的青山翁氏和明末清初兴起的常熟翁氏。他们两家有一个共同点：弘扬爱好读书的家风。

青山翁氏，一般指的是唐朝进士翁洮在寿昌县西航头青山下隐居时所创建的家族，他们在此避世学习，开创了中国最早的书院之一——青山书院。

另一个翁氏家族在明朝万历年间逐渐发迹，凭借好学的家风成为江苏常熟地区的八大家族之一。他们世代恪守祖训，认为富贵是暂时的，只有诗书带来的忠厚品质才会让人受益无穷。

翁氏家族好读书，为了方便后人有书可读，他们养成了藏书的习惯。历时四百年，他们收集的珍贵书籍数量庞大，数以万计，是罕见的藏书世家。

翁氏家族强调开放藏书、会读书、会用书，在书中学做人。他们一旦找到好书，并不会束之高阁，而是寻找时间邀请好友一起品读鉴赏。翁氏后人翁同龢还会主动印刷藏书，方便更多人阅读。

翁氏家族为了明礼而读书，为读书而藏书，手不释卷，终生与书为伴。他们的藏书大多经过数代家族成员的批校和装订，留下了许多批注本和题跋本，具有很高的学术价值和研究价值。

翁氏故居的大厅中还悬挂着一副对联：绵世泽莫如为善，振家声还是读书。这是翁家的祖训，也是读书振家的家风由来。翁氏的每一代家主，都会强调读书对于品行修养的积极影响，要求后代好读书、读正书。

好的书籍对于孩子的影响是巨大的。从古至今，世世代代的读书人都证实了这一点。因此，为了培养孩子的优秀品格，要给孩子买书，鼓励他们看书，从小培养孩子正确的阅读习惯，提升他们的阅读审美。

妈妈，看这么多书真的有用吗？

孩子，学习是这个世界上最有用的技能。

实践 1+1

小朋友们，在看过了翁氏家族的故事后，你们有没有其他感想呢？让我们培养一些良好的阅读习惯，一起掌握读书技能吧！

1. 每天安排固定的时间用来看书，记录下看书时觉得有趣和写得好的句子；

2. 组织朋友们一起看书，看完后交流感想，互相推荐；

3. 罗列每周书单，把看过的书籍全部记录下来。

名言对对碰

入我室皆端人正士，升此堂多古画奇书。

——翁同龢

王羲之授子以勤：努力最重要

努力奋斗是中华民族的优秀传统美德，是不变的时代主题，也是家风中不可缺少的美好德行。千百年来，有关教育的故事中都会强调这一点：努力才能创造出人生价值和社会价值，才能使人提升，使社会进步。王羲之教子的故事更是说明了努力拼搏的精神需要从小培养。

成长习惯

习惯名称：孜孜不倦

成长指数：五星

简要介绍：孜孜不倦指的是，学习或工作时十分刻苦努力，完全不知道疲倦，形容一种勤勉不懈怠的状态。如果看见有人学习时非常忘我，不放弃任何学习的机会，就可以用"孜孜不倦"形容。

社交故事

东晋书法家王献之是"书圣"王羲之的儿子。他从小跟随父亲练习书法，希望有一天能够取得和父亲一样的成就。一开始，他认为父亲写字时一定有秘诀，就询问父亲把字练好的诀窍，王羲之当时并没有回答。

> 父亲，你练字一定有诀窍吧？快教教我！

> 父亲一定有他的诀窍……

在王献之的多次追问之下，王羲之叹了口气，指着院子里的十八口水缸，回答道："我的秘诀就在这些水缸里面，等你把缸中的水用完，你就能找到答案了。"

> 我的秘诀就在水缸里，自己去找吧！

> 这算什么秘诀啊！

　　王献之虽然不理解，但还是乖乖照做。很多时候，他觉得自己已经写得不错了，心想秘诀马上就要出来了吧。可等他跑去看水缸里的水，发现根本没有下去多少，感到非常失望。他觉得父亲一定是骗人的，怎么可能有人写得完十八缸水呢？

这些水什么时候才能用完啊……

　　他觉得这些水是用不完的，于是开始用别的办法。他找纸来临摹父亲的字体，模仿父亲写点、撇、捺、钩的笔迹，以为这样就能复制父亲的笔迹了。等他觉得小有成果，就拿去给王羲之看。

　　王羲之没有说话，王献之的母亲评价说："有点像铁划了。"

您看，我的字写得像您一样好了！

王献之又回去练习，再次拿过来给父母看。母亲评价说："有点像银钩了。"就是不说像王羲之的字。

> 这次像父亲写的吗？

> 不太像，有点像银钩。

后来，王献之不再临摹，而是开始对照父亲的书法练习写完整的字。这次他无比认真，练了许久之后，再次把字拿给父亲看。王羲之看后，在儿子写的"大"字下面加了一点，变成一个"太"字。这时母亲走过来，评价道："我儿练习数年，只有这一点像是你父亲写的。"

王羲之这时才语重心长地对王献之说，让他去写完十八口水

> 为什么要加一个点？

> 只有这一点像是你父亲写的。

缸的水，并不是想布置一个不可能完成的任务，而是想告诉他，练字没有捷径可走，只有努力。王献之听了之后，羞愧不已，决心要更加努力地练字。

水缸里的水用了多少，就说明你有多努力。

我知道了……

从此以后，王献之以练完水缸里的水为目标，勤奋练字，后来终于像王羲之一样，成为了一代书法大家。王羲之用直观的方法把孩子的努力具象化，这样既能激励孩子学习，又能让孩子得到正向反馈，十分具有教育价值。

等你好好把这本书看完，就奖励你一个小礼物。

我只剩下十几页了！

实践 1+1

小朋友们，看完王羲之授子以勤的故事，你们有没有得到启发呢？在我们的日常学习中，有哪些努力的方法呢？

1. 每天给自己布置学习任务，并按时完成任务；

2. 认真听课，做好笔记，及时温习；

3. 选择适合自己的学习方式，经常总结学习方法和结果。

名言对对碰

若不端严手指，无以表记心灵，吾务斯道，废寝忘餐，悬历岁年，乃今稍称矣。

——王羲之

韩愈写诗诫子：业精于勤

学习是人们进步的主要途径，思考是人们解决问题的重要方式。只有勤奋努力的人才有可能超越别人，经常思考的人才能领悟世界上的种种道理。聪明人如果不努力，也不去思考，那他的聪明才智就会荒废。这些都是韩愈在诫子诗中想传递的东西。

成长习惯

习惯名称：苦学不怠

成长指数：五星

简要介绍：苦学不怠指的是，学习时要用最大的努力，不怠惰以至于退步。一般指人长期坚持努力学习的过程。人们追求知识的过程十分漫长，在这个过程中，如果抓住每个学习知识的时机，就有可能获得成功；相反，懒散度日，荒废学习时光，人生就容易陷入颓废中。

社交故事

韩愈是唐朝的著名文学家，也是"唐宋八大家"之首。他幼年失去父母和长兄，跟着嫂嫂度过了颠沛流离的童年时光，从自身经历领悟出了只有刻苦学习才能掌握自己人生的道理。

韩愈在少年时期刻苦学习，却屡次在考试中落选，但他并不气馁，坚持勤学苦练，最终依靠努力考取进士，得到推荐成为一名官员。韩愈在成家后，养育了儿子韩昶，却发现韩昶在学习时总是找借口偷懒，不由得生起气来。

韩愈思考许久之后，认为韩昶的生活很安逸，还没有明白学习的意义。所以他没有训斥儿子，而是给韩昶写下《符读书城南》一诗。在诗中，他举例说木材借助器具变成不同的形状，是因为匠人们辛勤劳作。人真正成为人，是因为通过读书有了涵养。

别锯啦，我都成方的了！

这都是努力的结果。

木匠能把木头变成房子，真厉害啊！

韩愈教导儿子：一开始，大家学习的能力都是一样的，没有贤愚之分。因为有的人勤奋、有的人不够勤奋，所以人们踏入了不同的门径。不同家庭的两个孩子，刚出生时，就像一群鱼里的两条鱼，看不出区别。到了十二三岁，表现就会大有不同。

我认得你，我们小时候一起玩过的！

我是韩愈的儿子！

韩愈说，到了二十岁，人和人之间的差别更大，就像一条清沟和一条污渠。到了三十岁，人和人之间简直就是天壤之别。一个人成了马前卒，一个人成了公卿，住在豪华的府第里。为什么会这样呢？原因就在于勤学与否。

黄金难以随身携带，但学问藏在身上，不管在哪里都有用武之地。从古至今，有出息的三公宰相，大部分出身犁锄之家；而许多三公后人却在忍受饥寒，出门甚至连头毛驴都没有。所以不要认为文章里没有富贵，经书里的遗训正是做人的根本啊！

　　韩愈的诗中最后说："雨后留下的水滩因为没有源头，早晨还是满的，晚上就干涸了。人如果没有文化，就会像牛马穿了人的衣服一样无知。从早到晚，我都顾虑着你，盼你珍惜光阴。

　　孩子，我深爱你，所以必须教你对的东西。"

　　韩愈的诗让韩昶深受触动，他读后改掉了游手好闲的习惯，重新拿起书本，跟随父亲认真学习。

　　在现代社会，父母在教育孩子时，也应该让孩子意识到勤奋学习的好处，才能让孩子更有学习的动力。

实践 1+1

小朋友们，在读了韩愈写诗诫子故事后，你们有什么感想呢？在现实生活中，有没有改变贪玩习惯的方法呢？

1. 和爸爸妈妈商量好学习和玩耍的时间，两者合理分配；

2. 适当奖励，在努力学习之后，再用游戏作为学习的奖励。

名言对对碰

业精于勤，荒于嬉；行成于思，毁于随。

——韩愈

郑板桥谈自立：以自身为依靠

在日常教育中，自立一直是父母们要教会孩子的重要品质。从小学会自立的孩子，长大后会拥有独立的人格和灵魂，更愿意主动面对困难、解决困难。郑板桥教会孩子自立的意义就在这里。

成长习惯

习惯名称：自立自强

成长指数：五星

简要介绍：自立自强指的是，人要坚持独立，不受外界的影响，依靠自己的力量在社会上立足，创造自己想要的生活。这种独立包含了精神独立和经济独立，是每个人都会经历的重要过程。

社交故事

郑板桥是清朝的著名书画家，他画的竹子传神又有气节，没有人能够超越。他认为做人也应该像竹子一样，腰杆笔直，顽强自立，拥有君子的品格。他在教育后代时，也传递着这种"独立坚韧"的思想。

> 你为什么这么爱画竹子？

> 因为竹子腰杆笔直有气节。

郑板桥在山东做县官时，没有养育孩子的时间，就把儿子小宝留在兴化乡下，让弟弟郑墨代为抚养。但他并没有因此就放松对儿子的教育，反而专门写信过去，要求弟弟不能溺爱小宝，要

> 别让这个孩子变成软趴趴不成器的样子。

> 行，知道了。

让小宝有独立成长的空间。

郑板桥五十二岁才有了第一个孩子，却不纵容溺爱，而是实行了严格的家教。他认为，就像雨水太充沛会让田地里的作物产量变少一样，父母给的爱和纵容太过，也不利于孩子的成长。

> 下这么多雨，肯定有很多植物长得很好吧。

郑板桥重视儿子的品德教育，多次写信嘱咐弟弟："孩子交给你管束，你不用因为他是我的孩子所以对他包容，而要像对待你的儿子一样严格要求他。等他过了六岁，就要学着去做事换取食物，不能空着手等别人把东西送到他手上。"

> 你已经长大了，要学会打扫房间。

> 好的，叔叔！

　　郑板桥希望儿子通过读书明白道理，通过磨炼意志成为坚强独立的人。郑板桥写给儿子的信中，不赞同小宝经常让仆人的孩子服侍他的行为，而要求他多去体谅仆人和别人的孩子，学会独立思考问题，自主解决生活需求。

自己的事自己做！
不要麻烦别人！

　　郑板桥不仅教育孩子要学会独立，他自己也事事亲力亲为，不愿意多麻烦别人。在他做县官时，节衣缩食，不用仆人，不坐轿子出门，而是靠双腿步行去县里巡视，体察民生疾苦。他不为享受而做官，和他欣赏的竹子有相同的气节。

咱们的县太爷可真是清官啊！

是啊！

郑板桥的教育模式，放在现代社会也是适用的。在孩子摔倒时，家长不要马上去把他扶起来，而是要鼓励孩子自己站起来，这样他下次再摔跤，就会自己尝试站起来。但如果家长养成随时扶孩子一把的习惯，孩子永远会在摔跤时等着别人来扶。

根据心理学家分析，孩子在两岁到六岁之间，是学习基础技能的黄金时期，也是培养孩子形成独立习惯的关键时期。儿时学会的思考方式和行为方式，很可能会影响孩子的一生。因此，培养自立自强的孩子，要从小开始抓起。

实践 1 + 1

小朋友们，在看完了郑板桥的家风故事后，你们有什么感想呢？在我们的生活中，如何培养自己自立的行为呢？

1. 在遇到比较复杂的问题时，先尝试自己思考，不要马上寻找爸爸妈妈帮忙；

2. 学着自己穿衣服，自己盛饭，在吃完饭后，主动承担洗碗的家务；

3. 弄脏了房间，要学会自己打扫，不要留给父母来做。

名言对对碰

千磨万击还坚劲，任尔东西南北风。

——郑板桥

黄庭坚育儿：读书是养心之本

★★☆☆ 你说我说 ☆★★☆

　　许多孩子在读书的年纪并不理解为什么要读书。在还只喜欢玩耍的年纪，枯燥的课文和道理对于他们来说似乎是一道枷锁。但恰恰是父母坚持要孩子们读书的原因所在。因为读书可以开蒙启智，使孩子明白道理，学会承担相应的责任。这与黄庭坚对孩子的期望完全一致。

成长习惯

　　习惯名称：开卷有益

　　成长指数：五星

　　简要介绍：开卷有益指的是，只要经常打开书，多读书，总会从书本中得到益处。这个成语常用来勉励人们勤奋好学，接受知识，享受知识带来的好处。学习是一种态度，读书时如果发自内心地想从书本中学到东西，就一定能得到有用的知识。

　　黄庭坚是北宋时期的著名文学家、书法家，也是二十四孝故事中的主角之一。

　　黄庭坚秉性至孝，侍奉父母时无微不至。因为他的母亲受不了便桶的异味，他从小就亲自倾倒并清洗母亲使用的便桶。后来他官居高位，身份显贵，也没有忘记照顾母亲的义务。

> 这种事情，你交给仆人来做就可以。

> 孝顺母亲的事，我怎么能让别人来做呢？

　　黄庭坚的孝道为人称赞，他本人认为，人不是天生就会孝顺父母，而是通过后天学习才知道要孝顺。世界上有许多人坦然接

> 原来父母养育我们这么辛苦，我长大后要好好报答他们！

> 你真是个好孩子！

> 这都是我应该做的！

受父母的馈赠，并把这当作是理所当然，却从不思考如何回报父母，这就是没有学习孝道的结果。

黄庭坚人到中年才有了他的第一个儿子，名叫黄相。这个孩子聪明机灵，黄庭坚对他寄予厚望。在黄相才学会走路时，黄庭坚已经给他准备了和他身高差不多高的书籍。妻子为此责怪他太过心急。

> 这是你以后要看的书。

> 你也太心急了！

黄庭坚却坚持认为，教育启蒙要从小开始。在黄相九岁时，黄庭坚为他写了一本《黄子家训书》。里面记录了黄庭坚总结的"八无"美德：无你我的分辨；无多寡的嫌隙；无财产的争执；

> 还有这几点也要写上去。

无以小事为仇；无贪欲；无钱财的浪费；无猜忌；无狭窄的胸怀。

　　黄庭坚不光看重黄相的启蒙教育，还非常重视侄子们读书的情况。他常常对子侄们说，一天不读书，心中就会染上灰尘。两天不读书，言语里就缺乏道理。三天不读书，人的面目就会变得不讨喜了。

父亲，那很多天不读书，人会变成什么样子呢？

大概会变得愚钝吧。

　　黄庭坚在对黄相的教育上做了很多记录。在黄相十岁时，他给人写信说，黄相已经稍微懂得读书的好处了。在黄相十七岁时，他写信给人说，黄相读书虽然多，却还没有得到古人智慧的

原来"三顾茅庐"的故事这么有意思啊！

我儿已经开始懂得读书的好处了。

他还没明白书上的道理啊！

真谛。

在黄相勤奋读书有所长进时，黄庭坚也写信给朋友，认为黄相和朋友一起学习，现在终于稍微看见些成果了。在他的辛勤抚育下，黄相终于如他所愿，成为了一名既有才学又有良知的大孝子。黄氏家族的孝道经过百年，也得到了传承。

你现在真有你父亲和先祖的风范。

实践 1+1

小朋友们，在看过黄庭坚教育子女的故事后，你们有什么感悟呢？在我们的生活中，有哪些知识是可以从书本中学到的呢？

1. 基础的常识。比如多吃水果能给身体补充维生素，多吃主食可以让身体更健康；

2. 美好的品德。跟随古人一起学习孝顺父母的孝道，实践承诺的诚信等；

3. 各种专业技能。比如学习英语，日后可以和外国人顺畅地交谈等。

名言对对碰

老杜作诗，退之作文，无一字无来处。盖后人读书少，故谓韩、杜自作此语耳。

——黄庭坚

曾国藩不给儿子特殊待遇：爱之以其道

☆★☆☆ 你说我说 ☆★☆☆

在古代的美德教育中，一直把"用人唯亲"列为反面典型。在举荐贤能的时候，要举荐真正有才能的人，而不是把自己的亲人举荐上去。曾国藩对儿子的教育，就强调了这一点：尽管你是达官显贵的孩子，也不能因为自己的身份就骄傲自满，胡作非为。

成长习惯

习惯名称：无功不受禄

成长指数：五星

简要介绍：无功不受禄指的是，没有付出努力和劳动，没有办好事情，就不能接受酬劳。也指没有给人带来好处，就不能接受别人的馈赠或者优待。如果没有做某件事的能力，就不能利用特殊的社会关系去强行做这件事，为自己谋取好处，而应该把做这件事的机会让给真正有能力的人。

社交故事

曾国藩出身于农民家庭，父亲只是一个秀才，在家乡的私塾里教书。他传递给曾国藩的品格是凡事脚踏实地，不弄虚作假。曾国藩坚持奉行这条原则，努力学习，最终走上仕途。在他成为两湖总督之后，依然不忘初心，坚持不用自己的身份为家族谋取便利。

> 大家各走各的路，你就是做了官，也不用帮家里什么。

> 要做个好官，不然还不如回家种地。

在曾国藩成家后，他延续曾氏家风，对孩子们要求非常严格。他要求孩子们学会种田，吃他们自己种地得到的食物，感受粮食来之不易；又减少孩子们的零用钱，防止他们大手大脚，变成

> 好累啊父亲，为什么我们还要种地啊？

> 我快不行了。

> 原来米饭这么好吃。

> 原来粮食这么来之不易啊！

纨绔子弟。

在曾国藩的严格教导下，他的二儿子曾纪泽不仅会作诗写文章，还自学英文，成为了清朝著名的外交家。三儿子曾纪鸿研究古算数，也取得了非凡成就。

没想到你们清朝还有英语这么好的人！

研究这些古人的智慧会让我变得更优秀。

他们不依靠父亲在朝廷中的地位，而是各自在新的领域探索，为国家作出贡献。由此可见，曾国藩在教育孩子方面有着相

你当了这么大的官，不如直接在官府里给你的孩子找份差事吧！

我不会这么做，他们也不会接受的。

当的思想高度，并且坚持绝不徇私的钢铁原则。

曾国藩还不允许后代为家里积攒钱财和田产，不允许他们打着自己的旗号胡作非为，要求他们过朴素的生活。这种教育方式看似不近人情，却是教子有方，爱之以其道。

有一次，湘乡县里要重新写县志，有人推举曾国藩的儿子来修撰，却遭到他的强烈反对。曾国藩觉得儿子还没有这种资格。在小儿子曾纪鸿去参加科举考试时，他还写信告诫，让儿子凭真才实学考试，不要和考官亲近。

　　曾国藩一生谨言慎行，为后世树立了榜样。他在和孩子们交流时，不会一味责怪贬低，而是用讨论的态度和他们交流，切实中肯地指导他们。他的教子之方广为流传，不仅影响了他的后人，也影响了新一代父母的家教风格。

　　曾国藩的教育之法，旨在培养孩子独立生存的能力，引导他们迎接属于自己的广阔天地。他的方法植根于封建社会，不完全适用于现代教育。但是里面蕴含的教育意义，还是很值得大家去学习领悟。

实践 1 + 1

小朋友们，阅读过曾国藩教育孩子的故事后，你们有什么感悟要分享吗？在生活中，有哪些事情是我们能够独自处理的呢？

1. 和朋友吵架了，要靠自己和朋友和解；

2. 自己出门上学，不让父母接送，不随便相信陌生人。

名言对对碰

吾兄弟欲为先人留遗泽，为后人惜余福，除去勤俭二字，别无做法。

——曾国藩

郑成功养虎子：要有勇敢之心

　　勇敢是人类最重要的美好品质之一。在文学作品中，都对勇敢的人大加歌颂，但勇敢和莽撞其实有很大的区别。勇敢是指在人们认为能够做到某件事，或是应该去做某件事的情况下，果断去做，不因为害怕而犹豫。而民族英雄郑成功的故事，就是一首勇者之诗。

成长习惯

　　习惯名称：敢作敢为

　　成长指数：五星

　　简要介绍：敢作敢为指的是，一个人性格直率，做事勇敢，没有畏惧。指人们在面对困难和危险时，毫不逃避，克服恐惧，坚定不移地去面对险境。有人把这个词和"敢作敢当"混淆起来，误认为是做错事后敢于承担后果的意思。其实二者的意义截然不同。

社交故事

郑成功本名郑森，二十岁出头时，他的父亲郑芝龙将他引荐给南明的隆武帝，皇帝非常欣赏他的才干和胆识，给他取名为成功。

受到皇帝的鼓舞，郑成功把他的胆识发挥到了极致。清兵南下攻击南明朝廷时，郑成功带领的军队虽处在劣势，但他带领兵士们全力抵挡。在清军占领了福建等地后，他毫不畏惧，继续带着父亲的旧部在东南沿岸抗击清军。

作为父亲，郑成功很重视大儿子郑经的培养，希望他能像自己一样，成为复兴南明政权的中坚力量。郑经最开始是个性格比较内向的孩子，面对体格强健、长相威严的父亲，他心里总是很害怕，表现出畏缩的样子。

郑成功不愿意让儿子长成一个懦夫。为了提高郑经的意志力，他每天早上都会带郑经去锻炼，让郑经拿起武器，用学过的招式来试着打败他。郑经虽然没有勇气，但不完成父亲交代的任务，他就不能吃午饭，所以只能照做。

一开始，郑经的所有攻击都会被郑成功挡下来。因为郑经只会横冲直撞，动作又绵软无力，经常被郑成功攻击。轮到郑成功攻击的时候，他却不会手软，木刀会结结实实地打在郑经身上。

为了避免继续挨打，郑经鼓起勇气，尝试从不同的方向攻击父亲。经过一段时间的训练后，郑经终于发现了父亲的弱点：郑成功虽然高大，但行动没有自己灵敏。这之后他再向郑成功发起攻势时，就毫无畏惧了。

郑成功的大半生都在战争中度过。他率领部下驱逐荷兰殖民者、收复台湾，是我国历史上伟大的民族英雄。

> 我的使命就是守住这里的每一寸土地！

我们生活在和平年代，要教育孩子勇敢，敢于做决定，敢于去尝试，敢于为自己的选择承担相应的责任。

> 敢不敢爬到高高的地方？
>
> 我要试一下！

> 对不起妈妈，我把杯子摔碎了。
>
> 没关系，宝贝，你人没事就好了。

实践1+1

小朋友们，在看过郑成功养虎子的故事后，你们对勇敢又有哪些新的理解呢？在我们的日常生活中，什么时候应该表现勇敢呢？

1. 勇于对不好的行为说"不"；

2. 在看见有人遇到困难时，勇敢地提供帮助。

名言对对碰

养心莫若寡欲，至乐无如读书。

——郑成功

诸葛亮教子：静以修身，俭以养德

☆☆☆☆ **你说我说** ☆☆☆☆

　　父母对孩子最大的期待，也许不是成为人上人。但他们一定希望孩子能成为一个拥有美好德行的人。所以在孩子开始学习为人处世的道理时，要着力培养孩子静心养性的能力，淡然面对得失，包容接受不同的意见。诸葛亮所说的"静以修身，俭以养德"，就是想要达到这个效果。

成长习惯

　　习惯名称：修身养性

　　成长指数：五星

　　简要介绍：修身养性指的是，通过自我修养，使身心人格达到完美境界。修身养性不是一朝一夕的事情，而是要从小培养，坚持这种平静的心态。这样既能冷静地思考问题，也能保证身心的健康。

社交故事

诸葛亮是三国时期蜀汉丞相，做事以思虑周全闻名。他认为，父母爱子，就应该为孩子做长远的谋划。他四十六岁时才有了第一个孩子，名叫诸葛瞻。诸葛瞻非常聪明，却心高气傲，不懂得收敛脾气。

因为他确实很笨，我才说他笨的，又没说错。

你可以帮助他解决问题，但没必要去打击他。

诸葛亮在给哥哥诸葛瑾的信中写道："我的儿子瞻今年已经八岁，很聪明，但是有些心气太高。我担心他过于早熟，没有好

要怎么改改这个孩子的臭脾气呢？

113

的品德，太容易骄傲满足，恐怕日后成不了大器。"

　　诸葛亮当时为了蜀汉的事业殚精竭虑，唯恐没有多余的时间来教育诸葛瞻。他思前想后，留下一封诫子书，希望诸葛瞻从小立下远大的志向。他在信里提到，德才兼备的人，依靠内心安静，集中精力来修养身心，依靠俭朴的作风来培养品德。

　　信里还说，人不看淡眼前的名利，就不会有明确坚定的志向；不能安静而全神贯注地学习，就不能实现远大的理想。学习时必须身心安静、专心致志。不努力学习就不能增长才智，不明

确志向就不能学有所成。

诸葛亮还劝诫儿子要生活朴素，不要爱慕虚荣，不和别人盲目攀比。过度追求享乐，就会变得怠惰散漫，没有精神；养成莽撞草率、爱计较的性格，就不可能陶冶性情。

有美德和才智的人会像大树一样茁壮成长，没有好性情又没有品德的人会像落叶一样枯萎凋零，变成毫无作为的人。

诸葛亮作为一国丞相，家中只拥有十几亩薄田。但他认为财产不必过多，只需要让子孙朴素地生活下去。在做丞相之前，他

还做过农夫。那段平静朴实的生活让他变得稳重大度，这也是他希望孩子具备的品质。

诸葛亮在为国事操劳之余，仍然不忘教导自己的孩子树立志向、培养情操，随时关注孩子的内心健康。作为家长，我们发现孩子有自卑的倾向，就要给他鼓励；发现孩子有傲慢或攀比的行为，就要及时纠正。

实践 1 + 1

　　小朋友们，在看过了诸葛亮教子的故事后，有没有什么感想呢？在现实生活中，我们需要回避哪些不好的习惯呢？

　　1. 不要和同学盲目攀比，不随便打击他人的自信心；

　　2. 碰到让人生气的人或事，要冷静思考，耐心讲道理；

　　3. 学习时要专心致志，不要三心二意。

名言对对碰

　　夫学须静也，才须学也，非学无以广才，非志无以成学。

——诸葛亮

林则徐十无益：坚持立身之本

　　所谓立身之本，其实就是建立正确的自我原则。坚持原则的人，拥有正确的道德观念，有不屈服的正气和美好的精神品德，才能够在社会上站稳脚跟。林则徐坚持的"十无益"原则，正是值得我们学习的立身之本。

成长习惯

　　习惯名称：克己奉公

　　成长指数：五星

　　简要介绍：克己奉公指的是，对自己有严格的要求，一心为公。指人应该以大局为重，克制自己的私欲。个人的小我在国家和社会的大我面前，应该做出让步。做人的原则之一，就是不能做有利于小我却不利于大我的事。

社交故事

林则徐是清朝中后期的名臣，是一位伟大的爱国主义英雄。他的主要事迹有整顿吏治、虎门销烟和兴修水利等。他对西方文化和科技采取包容的态度，对晚清的洋务运动具有启发作用。

> 你们把这些沙子堆放在这里。

林则徐从父亲那里接受的教育是"不妄取一文"，并把这个观念传递给了他的后代。他曾写下名言告诫后代："子孙若如我，留钱做什么？贤而多财，则损其志；子孙不如我，留钱做什么？愚而多财，益增其过。"

> 给孩子留些钱财，好让他们过更好的日子啊！

> 好日子是要由他们自己争取的。

　　林则徐把人们看作有益的东西重新做了界定。在他看来，如果满足不了某些条件，人们觉得有益的事情，很可能没有益处。"十无益"是林则徐自我修行的准则，也是他教育孩子的标准。

> 喝酒是没坏处的！

> 喝太多就变成坏事了。

　　"十无益"的内容大致是：不孝顺父母，却敬畏鬼神，是无益的；不存善心，却关心风水能不能带来财运，是无益的；不和兄弟和睦，交再多朋友，也是无益的；行为不端正，读再多书也是无益的；性格太过叛逆高傲，聪明也是无益的；心气太高不听劝告，博学也是无益的；时机没到，强行求转机也是无益的；夺

> 我生了病，没人照顾我啊……

> 我也很忙，你别烦我行不行？

> 我博学多才。

> 但是你行为不端。

取别人的钱财，再做多少慈善也是无益的；不爱惜身体，寻医问药也是无益的；放纵欲望，行善积阴德也是无益的。

> 哈哈，这个视频真好笑。

> 医生，我老是觉得心脏不舒服，怎么办啊？

> 保护身体，别熬夜，作息规律点吧！

　　"十无益"是林则徐以德普世的重要范本，具有十分深远的影响。奉行这些准则的不仅仅是林家后人，还有许多景仰林则徐的近代文人。

　　林则徐克己奉公的精神，令晚清名臣曾国藩十分敬重。他曾经写信对弟弟说："林则徐做了二十年的总督，他的三个儿子分家时，只分了六千串铜钱。这种修养不是你和我能比的，我们要

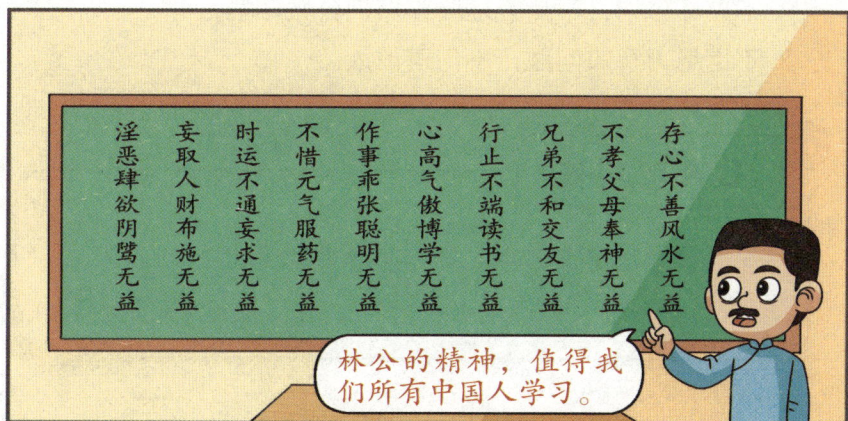

存心不善风水无益
不孝父母奉神无益
兄弟不和交友无益
行止不端读书无益
心高气傲博学无益
作事乖张聪明无益
不惜元气服药无益
时运不通妄求无益
妄取人财布施无益
淫恶肆欲阴骘无益

> 林公的精神，值得我们所有中国人学习。

向他学习才行。"

实践 1+1

小朋友们，在读过了林则徐的"十无益"原则后，你们的感悟是什么呢？在我们的生活中，有哪些原则是绝对不能违反的呢？

1. 不能乱闯红绿灯，要遵守交通规则；

2. 不破坏公物，不乱丢垃圾，保护公共环境；

3. 不用暴力解决问题，不伤害他人。

名言对对碰

苟利国家生死以，岂因祸福避趋之。

——林则徐